在宇宙比橘子还小的时候

[澳] 菲利普·邦廷　文图　毛太郎　译

Ｇ贵州出版集团　贵州人民出版社

让我们从一切的起点讲起
（至少我们现在认为这就是一切的起点）。

很久很久以前，整个宇宙
都塞在一个比橘子还小的空间里。

那时候，宇宙里没什么可看的。
没有光，没有星星，也没有地球。

发生了一场非常、非常、非常大的……

爆炸！

就在比吃完一份冰激凌还短的时间里，
组成宇宙的所有原料——粒子就出现了。

我们都是用这些原料做成的。

你、我、这本书、你的午饭……
我们都是由粒子构成的，而这些粒子
从世界上有时间的那一天起就存在了。

它们在宇宙中漂浮，一些粒子碰到了另一些粒子。
它们非常喜欢彼此陪伴，于是决定聚在一起。

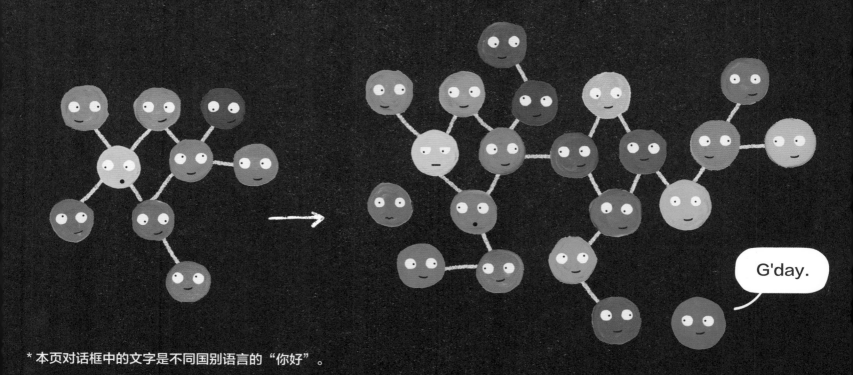

* 本页对话框中的文字是不同国别语言的"你好"。

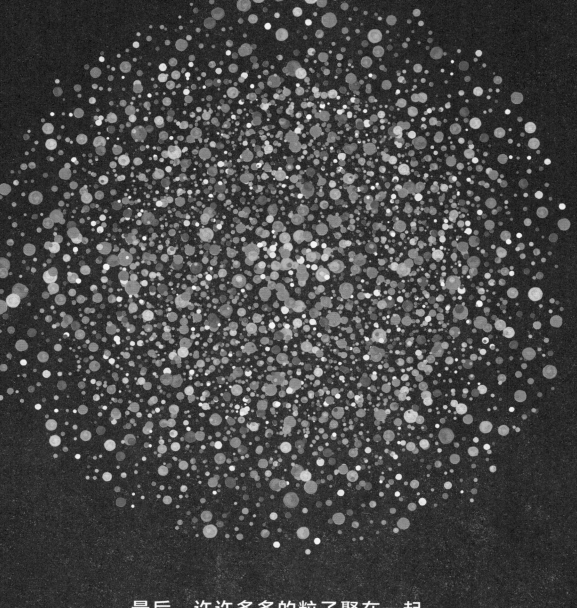

最后，许许多多的粒子聚在一起，
开始构成各种东西。

首先，它们构成了巨大的尘埃云。

这些尘埃云又吸引了
越来越多的粒子。

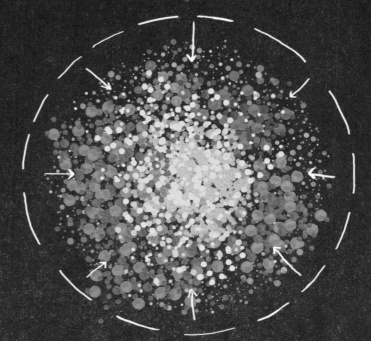

不知道过了多久,
恒星形成了,其中
就包括太阳。

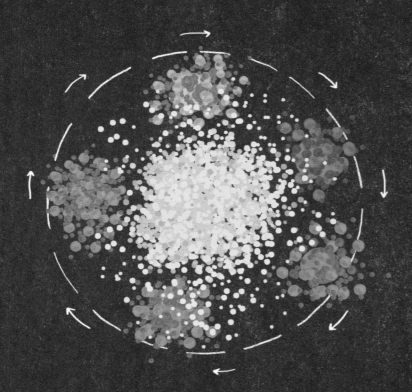

最终,行星也形成了。
(行星们无法抗拒恒星强大的
吸引力。)

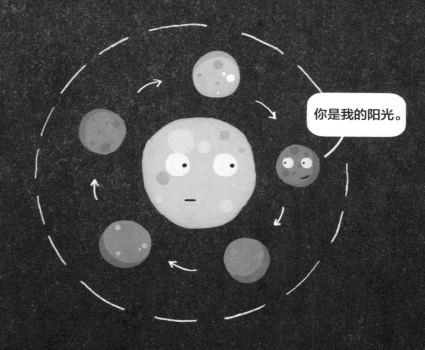

这是我们的家。

我们居住的这颗行星叫作地球。

就在那儿，在距离太阳不远不近的位置。
要知道，以前的地球并不像现在这样适合居住。

一开始，地球上很热。
不过随着时间的推移，地球慢慢地变凉快了。

随着地球不断降温，
越来越多的粒子聚集到了一起。

还有更多的粒子"骑"着流星从外太空来到这里。

最后，一些粒子构成了地球表面的土地和水。

后来，有一天，当然那也是很久以前了，
地球变得不太热，也不太冷了。
水很温暖，
正好是魔法起作用的温度。

就这样，生命出现了。

最早的生命形式很简单。
她看不见，听不见，也戴不了生日派对的帽子。
但她有一种很厉害的本领——复制自己。

你好，小可爱。

我们所有的故事都从这里开始。
地球上所有的生命都来自这个单细胞生物，
你可以把她看作你的太太太……太太太姥姥——
这里应该有一万亿、十万亿甚至一百万亿个"太"。

你、我、花草树木、毛毛虫、鲸和狼……
我们都是这位小老太太的亲戚。

所有的生命都来自同一个生命。

你的太太太……太太太姥姥虽然结构简单，但是充满活力。

过了一代又一代，她的孩子们（你的祖先们）慢慢地适应了早期地球上温暖水域里的生活。

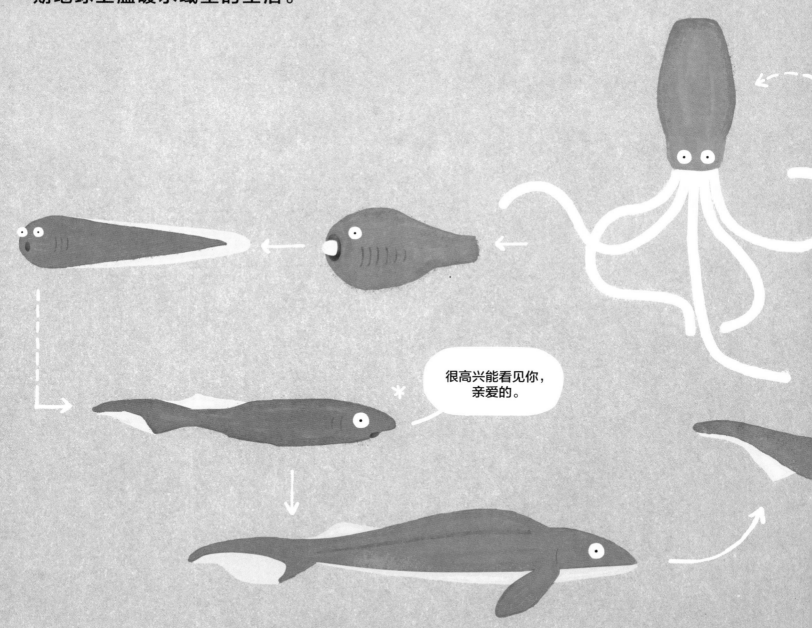

很高兴能看见你，亲爱的。

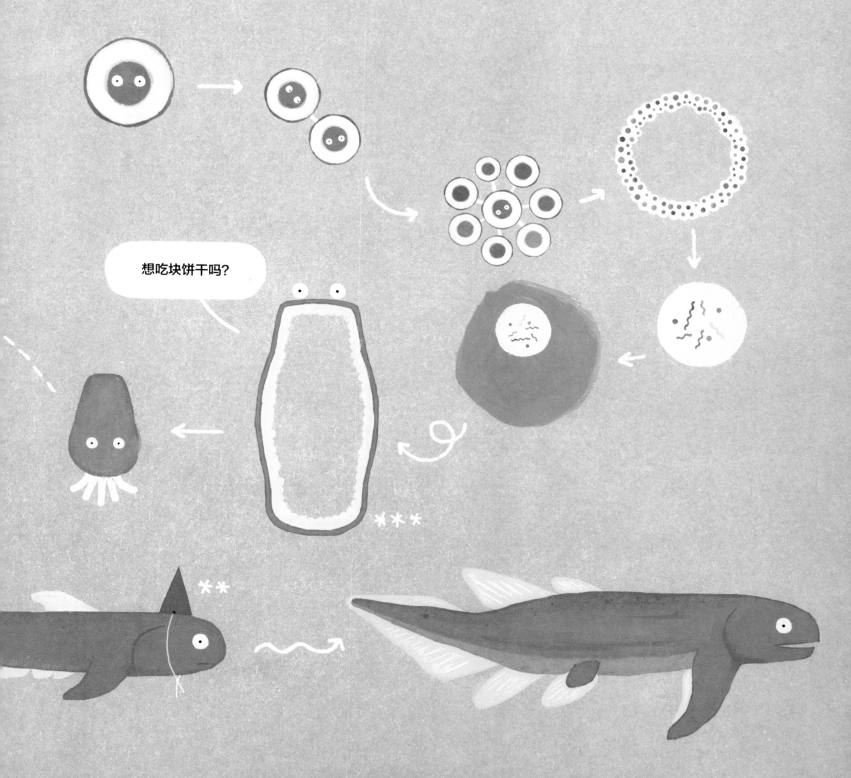

一些非常重要的信息：
*我们的祖先大概在旅程的这个阶段第一次长出了眼睛。虽然本书此前出现的很多生物都有眼睛，但那只是为了好笑而画上去的。** 派对帽子也是为了好笑而画上去的。不过也许那天真的是她的生日。*** 这家伙的名字叫鲍勃。

然后，在一个风和日丽的日子，
一条非常不起眼但是特别勤劳的小鱼，
决定去看看大海的尽头有什么，
于是，她爬上了陆地。

后来，她的一些孩子非常喜欢陆地，
并留在了陆地上。
他们继续演化，变成了陆栖动物。
从恐龙到毛驴，从牦牛到你……
我们可以把所有陆栖动物的家谱，
一直追溯到这只爱冒险的动物。

当然，我们的演化之旅并没有到此为止。

在难以想象的漫长时间里，我们的祖先适应了陆地上的生活……

然后适应了树上的生活。

我们和黑猩猩有一个共同的祖先，
然后我们慢慢演化成了今天的样子。

人类出现了。

最早的人类生活在非洲，
但我们充满了好奇心，渴望冒险，
于是我们很快就遍布地球的各个角落。

这里曾经生活着一群
聪明的家伙，我们所
有人都是他们的后代，
不论你住在地球上的
什么地方。

除了南极。
我们把南极留给了企鹅。

* 本图系原文所附示意图。

好耶！

我们学会了如何耕种。

火!

我们建立了一个个部落。

我们把部落发展成了
小村镇，然后是大城市。

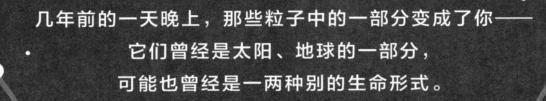

几年前的一天晚上，那些粒子中的一部分变成了你——
它们曾经是太阳、地球的一部分，
可能也曾经是一两种别的生命形式。

天哪！

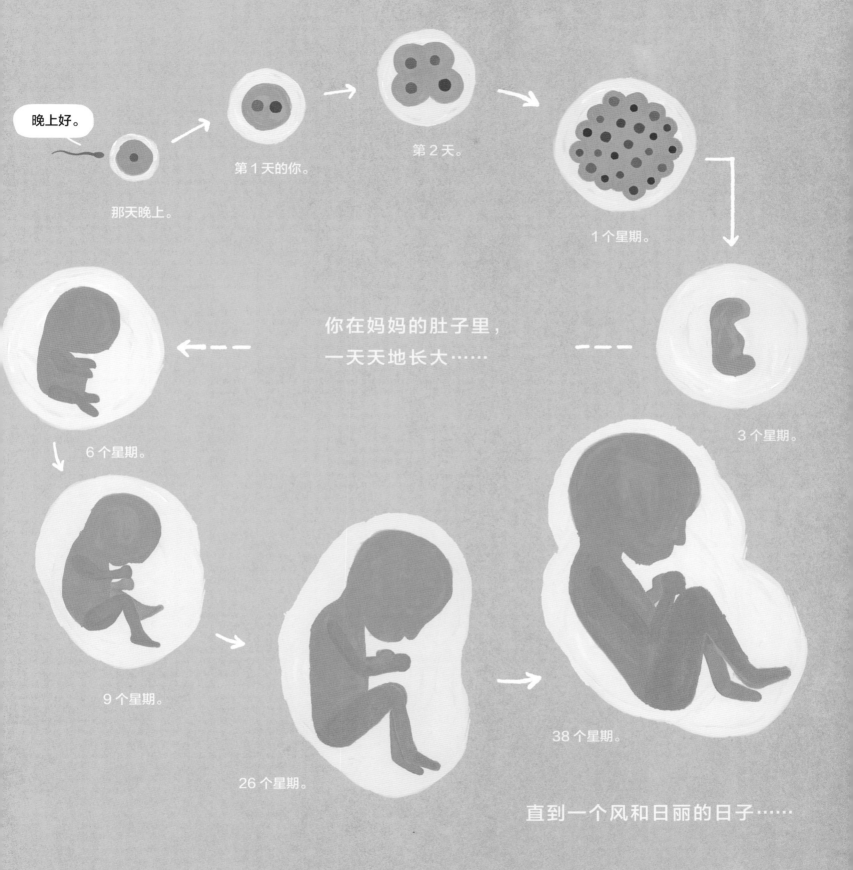

你华丽登场了！

你就是这么来到这里的。

你真是个幸运的小家伙。

你是家谱上最新的成员，
而这份家谱一直可以追溯到地球上最早的生命。

想想看，在最初的大爆炸之后，
如果有一件很小很小很小的事情发生了变化……

你可能就会变得跟现在不太一样了。

献给我的妈妈卡萝尔，是她把我带到了这里。

宇宙比我们想象的还要神奇，我们对宇宙的了解实在太少了。我们是如何来到这里的，我们又要去哪里……宇宙中还有很多问题值得我们去探索。但有一件事情是可以肯定的——人类只有一个共同的家园（你正坐在它上面），每个人都有责任好好照顾它。对于大自然和各种美丽的生命，如果你只能做一件事，那么你的任务（也是与你共享地球的每个人的任务）就是确保在你离开这里时，它要比你刚来时更美好。

HOW DID I GET HERE?

Text and illustrations copyright © Philip Bunting, 2018

First published by Omnibus Books, an imprint of Scholastic Australia Pty Limited, 2018

This edition published under license from Scholastic Australia Pty Limited

Simplified Chinese translation rights © 2021 by Beijing Dandelion Children's Book House Co., Ltd.

版权合同登记号 图字：22-2021-019

图书在版编目（CIP）数据

在宇宙比橘子还小的时候 / （澳）菲利普·邦廷文图;
毛太郎译. -- 贵阳：贵州人民出版社，2021.8（2023.5 重印）
ISBN 978-7-221-16657-9

Ⅰ. ①在… Ⅱ. ①菲… ②毛… Ⅲ. ①生命起源—儿
童读物 Ⅳ. ①Q10-49

中国版本图书馆CIP数据核字（2021）第154591号

ZAI YUZHOU BI JUZI HAI XIAO DE SHIHOU

在宇宙比橘子还小的时候

[澳] 菲利普·邦廷 文图 毛太郎 译

出 版 人 朱文迅 策 划 蒲公英童书馆
责任编辑 颜小鹂 执行编辑 王 琦 装帧设计 蒲雪莹 责任印制 郑海鸥

出版发行 贵州出版集团 贵州人民出版社
地 址 贵阳市观山湖区中天会展城会展东路SOHO公寓A座（010-85805785 编辑部）
印 刷 北京利丰雅高长城印刷有限公司（010-59011367）
版 次 2021年8月第1版
印 次 2023年5月第3次印刷
开 本 787毫米×1092毫米 1/12
印 张 3⅓
字 数 42千字
书 号 ISBN 978-7-221-16657-9
定 价 48.00元

如发现图书印装质量问题，请与印刷厂联系调换；版权所有，翻版必究；未经许可，不得转载
质量监督电话 010-85805785-8015